Sitzungsberichte
der Heidelberger Akademie der Wissenschaften
Stiftung Heinrich Lanz
Mathematisch-naturwissenschaftliche Klasse
Jahrgang 1926. 5. Abhandlung.

Die optischen Eigenschaften des Andesins von Bodenmais

Von
E. Ernst
in Heidelberg

Eingegangen am 12 April 1926
Vorgelegt in der Sitzung vom 15. Mai 1926 von Herrn Wülfing

Mit 4 Textfiguren

Berlin und Leipzig 1926
Walter de Gruyter & Co.
vormals G. J. Göschen'sche Verlagshandlung / J. Guttentag, Verlagsbuchhandlung / Georg Reimer / Karl J. Trübner / Veit & Comp.

Die optischen Eigenschaften des Andesins von Bodenmais.

I.

Bedingt durch den mangelhaften Erhaltungszustand und die schlechte morphologische Entwicklung des erreichbaren Andesinmaterials wies bis vor wenigen Jahren unsere Kenntnis von der Plagioklasreihe, und zwar für den Bereich von 25–50 % Anorthitgehalt, eine merkliche Lücke auf. Die eingehenden Untersuchungen von O. Grosspietsch[1]), F. Becke und M. Goldschlag[2]) an Andesinen mit 35—40 % Anorthitgehalt haben diese Lücke insofern ausgefüllt, als sie zeigten, daß die optischen Eigenschaften der Andesine nicht durch eine lineare Interpolation aus den entsprechenden Eigenschaften der angrenzenden wohlbekannten Glieder, der Oligoklase und Labradorite, abgeleitet werden können. Der Verlauf der Kurven, welche die Orte der in eine stereographische Projektion gebrachten optischen Achsen *A* und *B* und Hauptlichtvektoren $\mathfrak{a}$, $\mathfrak{b}$, $\mathfrak{c}$ der verschiedenen Glieder der Plagioklasreihe verbinden, hat sich besonders für die Achse *A* und den Vektor $\mathfrak{b}$ der Andesine schwer voraussehen lassen und ist auch jetzt noch nicht durch die vier untersuchten Andesine widerspruchsfrei festgelegt.

Diese Unsicherheit in den Achsenlagen der Andesine hat E. A. Wülfing[3]) bei der Neuaufstellung des Fedorowschen Diagramms der Feldspatzwillinge veranlaßt, von einer Bearbeitung dieses Gebietes der Plagioklasreihe überhaupt abzusehen. Er begnügte sich mit einem genäherten, ausdrücklich als vorläufig gekennzeichneten Verlauf der Kurven im Bereich der Andesine in der Erwägung, daß es erst noch einer Reihe von weiteren Beobachtungen bedarf, um hier volle Klarheit

---

[1]) O. Grosspietsch, Andesin von Hohenstein im Kremstal (Niederösterreich). Sitzb. Wien Akad. Wiss. Math. Nat. Kl. Abt. I. **127**. 1918. 439—447.

[2]) F. Becke u. M. Goldschlag, Die optischen Eigenschaften zweier Andesine. Ebenda, 437—504; ferner F. Becke, Die optischen Eigenschaften einiger Andesine. Tschermaks Min. Petrogr. Mitt. **35**. 1921. 31—46.

[3]) Rosenbusch-Wülfing, Mikroskopische Physiographie der Min. und Gesteine. I 1, 5. Aufl. 1921/24. 499. 509.

zu schaffen, insbesondere um den Einfluß des Kalifeldspatgehaltes auf die optischen Eigenschaften der Plagioklase erkennen zu lassen.

Die vorliegende Arbeit macht nun mit den optischen Eigenschaften eines weiteren Andesins bekannt, der seiner chemischen Zusammensetzung nach zwischen die Oligoklase und die erwähnten vier Andesine zu liegen kommt. Herr Geheimrat Wülfing stellte mir zu der Untersuchung in freundlicher Weise das gleiche Andesinmaterial zur Verfügung, das Dr. J. Kratzert[1]) 1923 im hiesigen Institut schon auf die Zusammensetzung hin eingehend untersucht hat. Herrn Geheimrat Wülfing sei auch an dieser Stelle für sein freundliches Entgegenkommen und stetes Interesse für die Arbeit gedankt.

II.

Zusammensetzung. Aus zwei eigenen und einer von mir zur Kontrolle angestellten chemischen Analysen errechnete J. Kratzert für den vorliegenden Andesin einen Anorthitgehalt von 29,80 % und einen Kalifeldspatgehalt von 4,56 %. Die übrigbleibenden Analysenreste von 0,34 % SiO_2 und 0,42 % Al_2O_3 hätten noch erheblich verringert werden können, wenn die in den Analysen gefundenen, aber bei der Berechnung außer acht gebliebenen 0,33 % $H_2O > 105°$ als von kaolinisiertem Feldspat herrührend verrechnet worden wären. Dieser Plagioklas ist ja bekanntlich durch Einschlüsse stets randlich dunkel- bis hellgrün gefärbt, im Innern wolkig getrübt und weist nur in den zentralsten Teilen von größeren Individuen klarere Stellen auf.

Angewandte Untersuchungsmethoden. Da die reinsten Teile des vorhandenen Andesinmaterials zu den Analysen Verwendung gefunden haben, standen zu den optischen Untersuchungen nur mehr oder weniger trübe Spaltungsstückchen zur Verfügung. Außer dieser Trübung machte auch die überaus starke Verzwilligung nach dem Albitgesetz und die schlechte, kaum angedeutete Spaltbarkeit nach *M* der im hiesigen Mineralog.-petrogr. Institut gepflegten Ausmessung von dickeren Präparaten am Achsenwinkelapparat Schwierigkeiten.

Den beiden ersten Schwierigkeiten, der Trübung und engen Verzwilligung, wurde dadurch begegnet, daß mit Hilfe des Fedorowschen Drehtisches an orientierten Dünnschliffen für das eine Lamellensystem die Lage der Hauptvektoren und optischen Achsen nach Azimut und Poldistanz, bezogen auf die Spur der Zwillingsebene in der Schliffebene bzw. auf die Schliffnormale, bestimmt wurde. Auf diese Weise ist die

[1]) J. Kratzert, Beitrag zur Kenntnis des Andesins von Bodenmais. Diese Sitzber. 1923. 5. Abh. 11 S.

Lage der Hauptlichtvektoren gegenüber dem kristallographischen Gebäude, im Gegensatz zu dem seitherigen Verfahren, direkt, die der optischen Achsen in teilweiser Abhängigkeit von den Vektoren festgelegt worden.

Zur Kontrolle dieses Verfahrens wurden drei dickere orientierte Präparate, die nur eine einzige schmale Zwillingslamelle aufwiesen, nach der von E. A. Wülfing [1]) angegebenen Methode am Achsenwinkelapparat ausgemessen und damit die Lage der optischen Achsen im kristallographischen Gebäude festgestellt. Aus der Lage der beiden Achsen wurde dann erst die Lage der Hauptvektoren berechnet. Diese Präparate lieferten zugleich den genauen Achsenwinkel.

An zwei der dickeren Präparate wurden ferner mit Hilfe eines Klein-Fuessschen Totalreflektometers die Hauptbrechungsindizes bestimmt.

Hilfsflächen. Die beiden ersten Untersuchungsmethoden haben die Kenntnis der Lage von Hilfsschliffflächen X gegenüber dem Kristallgebäude zur Voraussetzung. Zur Festlegung dieser Hilfsflächen kamen bei dem vorliegenden Untersuchungsmaterial nur die Spaltflächen in Frage. Während die Spaltfläche nach der Basis P stets glatt und durchgehend war und daher als die eine kristallographische Bezugsfläche für die Orientierung der Hilfsflächen X dienen konnte, erwies sich die Spaltbarkeit nach der Längsfläche M stets als äußerst mangelhaft.

Aus diesem Grunde wurde die Fläche X durch ihre Neigung ϱ_X zur Basis P und durch den Winkel ψ_X festgelegt, den die Kante zwischen P und X mit der auf P sichtbaren Spur der Zwillingslamellen nach dem Albitgesetz macht. Diese Methode ist aber nur anwendbar, wenn das eine Lamellensystem vorherrscht, die andern Lamellen, wenn auch sehr zahlreich, nur sehr schmal auftreten. Das untersuchte Andesinmaterial ist aber gerade durch diese Eigentümlichkeit ausgezeichnet, worauf J. Kratzert in seiner Untersuchung schon hingewiesen hat. Es ließen sich leicht Spaltstücke nach P herausfinden, die wie einheitliche Kristalle aussahen und bei denen erst die Lupe die feinen Lamellen zu erkennen gab.

Die Neigung der beiden Flächen P und X wurde mit dem einkreisigen Goniometer auf 1′ genau, der Winkel ψ_X mit dem drehbaren Tisch eines Mikroskops mit einem durchschnittlichen Fehler von 0°,1 bestimmt.

[1]) „Physiographie" I 1, 5. Aufl. 1921/24. 607—611.

Die sphärischen Koordinaten φ und λ, welche die Lage der Fläche X gegen das kristallographische Gebäude kennzeichnen, berechneten sich leicht aus dem sphärischen Dreieck PMX (s. Fig. 2), in welchem $PX = \varrho_X$, $MPX = \psi_X$ und $PM = 90 - \varphi_P$ bekannt sind. Die Lage der Basis P wurde in Übereinstimmung mit der „Physiographie" (I 1. 1921/24. 508) bei $\varphi = +3°,9$, $\lambda = -26°,2$ angenommen.

Auf die Lage der einen Art von Hilfsflächen, die durchschnittlich bei $\varphi = +19°$ und $\lambda = +15°$ zu liegen kamen, üben die möglichen Beobachtungsfehler von ϱ_X und ψ_X Einflüsse aus, wie sie in der folgenden kleinen Tabelle 1 zusammengestellt sind. Darnach läßt sich diese Hilfsflächenart nach der angegebenen Methode mit einer für den vorliegenden Zweck ausreichenden Genauigkeit gegenüber dem kristallographischen Gebäude festlegen.

Tab. 1.

Fläche X	$\varphi = +19°$, $\lambda = +15°$		$\varphi = +74°$, $\lambda = -30°$	
Fehler	$\Delta\varrho_X = 1'$, $\Delta\psi_X = 0°.1$	$\Delta\varrho_X = 1'$, $\Delta\psi_X = 0°.2$	$\Delta\varrho_X = 1'$, $\Delta\psi_X = 0°.1$	$\Delta\varrho_X = 1'$, $\Delta\psi_X = 0°.2$
$\Delta\varphi_X$	3'.5	7'.6	0'.4	0'.6
$\Delta\lambda_X$	2'.2	3'.5	20'.1	41'.6

Größer ist, wie aus der Tabelle 1 ersichtlich, der Einfluß der gleichen Beobachtungsfehler in ϱ_X und ψ_X auf das λ der zweiten Art von Hilfsflächen, die an den dickeren Präparaten 9 und 11 angeschliffen wurden und die ungefähr senkrecht zu $\mathfrak{c}$, also ca. bei $\varphi = +74°$ und $\lambda = -30°$ zu liegen kamen. Diese Abweichungen sind aber nicht ungewöhnlich, da in der Nähe der Pole bekanntlich eine Ortsbestimmung nur sehr unsicher auszuführen ist. Die Schwankungen in den Lagen der Achsen und Vektoren, die aus den Messungen an den Präparaten 9 und 11 abgeleitet wurden, mögen ihre Ursache wesentlich in der etwas unsicher bestimmbaren Lage der Hilfsflächen haben.

III.

Lage der optischen Achsen und Hauptlichtvektoren nach den Messungen am Fedorowschen Universaldrehtisch.

Präparate. Zu den Messungen mit dem Fedorowschen Drehtisch fanden Dünnschliffe Verwendung, deren Flächennormale in die Nähe der Schwerpunktslinie des von den drei Hauptlichtvektoren $\mathfrak{a}$, $\mathfrak{b}$, $\mathfrak{c}$ gebildeten Raumdreiecks fallen (1. Hilfsflächenart). Auf diese Weise wurde eine jede der drei optischen Symmetrieebenen, und zwar unter den gleichen Bedingungen, der Messung zugänglich.

Das Anlegen der ersten Schlifffläche eines jeden Präparates erfolgte nach den vorausberechneten Werten ϱ und ψ für eine ungefähr im Schwerpunkt des Vektorendreiecks liegende Fläche. Durch die seitherigen Messungen ist die Lage der Vektoren des vorliegenden Andesins für eine genäherte Bestimmung dieses Schwerpunkts schon genügend genau bekannt. Die Feststellung des Schwerpunktes und die Ermittlung der Werte ϱ und ψ erfolgte mit ausreichender Genauigkeit auf graphischem Wege mit Hilfe eines Wulffschen Netzes. Diese Werte wurden jedoch bei der Präparation nicht genau eingehalten, da eine große Genauigkeit im Hinblick auf die verhältnismäßig großen Einstellfehler an dem Drehtisch nicht erforderlich schien. Die einer jeden fertigpolierten Hilfsfläche X streng zukommenden Werte von ϱ_X und φ_X wurden jedoch so genau als möglich bestimmt. Aus diesen Werten berechneten sich dann die Lagen der Hilfsflächen, die in der Tabelle 3 durch die φ_X- und λ_X-Werte angegeben sind.

Nach der Feststellung der Lage der anpolierten Hilfsfläche wurde jeweils das Präparat mit dieser Fläche auf einen Objektträger gekittet und ein Dünnschliff von üblicher Dicke (30 μ) hergestellt. Diese geringe Dicke der Präparate war wegen der Trübung des Materials und der geringen Breite der Zwillingslamellen erforderlich.

Durch die angegebene Präparationsart wurde die Erzielung einer genauen Parallelität zwischen Dünnschlifffläche und Objektträger angestrebt. Wieweit eine solche bei der im Durchschnitt nur 3×3 mm betragenden Dünnschliffgröße erreicht worden ist, habe ich nicht ermitteln können. Schwankungen in den Resultaten mögen teilweise auf Abweichungen zwischen der Schliff- und Objektträgernormalen zurückzuführen sein.

Die Messungen. Sie wurden mit einem Brandao-Leissschen Instrument ausgeführt. Eine gute Justierung des Instruments und besonders die Kenntnis der Neigung des Okularfadens gegen die Nicolhauptschnitte ist Voraussetzung (vgl. „Physiographie“, 5. Aufl. 1921/24. 521—527).

In Tabelle 2 ist ein vollständiger Messungssatz für ein Präparat angegeben. Stets wurde die Einstellung eines Schliffs auf Dunkelheit zwecks Bestimmung der Lage einer optischen Symmetrieebene fünfmal wiederholt. Es erwies sich als zweckmäßig, besonders bei den frisch hergestellten Präparaten, vor und nach den Messungen, die zur Festlegung einer Symmetrieebene dienten, einige Einstellungen der Zwillingslamellenspur vorzunehmen, die sich mit großer Schärfe ausführen lassen und die eventuelle Verschiebungen oder Drehungen des Dünnschliffs im Canadabalsam oder auf dem Drehtisch während der Messungen leicht zu erkennen geben.

Tab. 2.

Präparat 3, 2. Messung.

Z. L. Spur	c H_s rechts	c N	Z. L. Spur	a H_s rechts	a N	Z. L. Spur	b H_s rechts	b N	Achse B	Z. L. Spur
145.4°	23.0°	131.1°	145.4°	47.6°	246.0°	145.2°	37.0°	23.2°	342.6°	145.5°
145.4	23.0	130.8	145.2	48.8	245.7	145.5	37.0	23.2	342.4	145.3
145.4	23.2	131.2	145.5	47.0	245.0	145.3	36.2	24.2	342.3	145.4
	22.4	131.2	145.4	48.4	245.4		36.4	24.2	342.4	
	23.6	130.8		48.9	246.2		36.6	23.7	342.3	
	23.0	131.0		48.1	245.7		36.6	23.7	342.4	
$H =$	22.5		$H =$	46.8		$H =$	35.7	$CB =$	17.2	
Z. L. Spur Mittel: 145.4 $N_0 = 144.2$										

Die gemessenen Neigungen H_s wurden für den Refraktionsunterschied zwischen dem Mineral ($\beta = 1{,}549$) und dem Kugelsegment ($n = 1{,}517$) korrigiert. Die Korrekturen bewegten sich um 1°. Eine bequeme graphische Lösung der Korrektionsgleichung

$$\sin H = \frac{n}{\beta} \cdot \sin H_s$$

erfolgte mit dem auf größere Dimensionen gebrachten Diagramm, das E. A. Wülfing[1]) in seiner Arbeit „Numerische Apertur und Winkel der optischen Achsen“ angegeben hat.

Bei den im weißen Licht ausgeführten Einstellungen der Schliffe auf Dunkelheit machten sich für manche Schlifflagen Dispersionserscheinungen bemerkbar, welche die Sicherheit der Messungen, insbesondere die Werte H_s beeinflußten. Der aus allen Messungen abgeleitete mittlere Fehler einer Einstellung in H_s beträgt 0°,5, in N 0°,4. — Durch Anwendung von Lichtfiltern in Verbindung mit einer sehr starken Lichtquelle und bei der Möglichkeit einer weiteren Aperturbeschränkung werden sich derartige Bestimmungen vermutlich mit einer größeren Sicherheit ausführen lassen.

Noch größer als die mehr zufälligen Einstellfehler sind die systematischen Fehler, mit denen insbesondere die Werte H_s behaftet sind. Zu verschiedenen Zeiten wiederholte Messungen an demselben Präparat haben ergeben, daß die Auffassung der Dunkelstellung eines Schliffes

[1]) Diese Sitzb. 1919. 5. Abh., s. auch „Physiographie“ I 1, 5. Aufl. 1921/24. 604.

ziemlich variabel ist. Die hierbei festgestellten Schwankungen betragen in H_s im Mittel 1°,0 (s. hierzu aber den Abschnitt „Graphischer Ausgleich").

Bei den Drehtischmessungen war die eine optische Achse (B) stets bequem erreichbar. Die Einstellungen auf diese Achse ließen sich jedoch immer nur unsicher ausführen und sind gleichfalls mit systematischen Fehlern behaftet (etwa 1°), da hier keine Einstellung auf Dunkelheit, sondern auf ein unsicheres Grau auszuführen ist. Die mit dem Drehtisch ermittelten Achsenwinkel besitzen daher nur geringe Sicherheit. — Die Instrumentalablesungen für die Einstellungen auf die Achse sind in Tab. 2 unter „Achse B" angeführt. Der Bogen CB in Fig. 1 entspricht der Differenz zwischen der Instrumentalablesung und 360° bzw. 0°.

Graphischer Ausgleich. Mit den Werten H und N ist zunächst nur die Neigung der optischen Symmetrieebenen zu der Schliffnormale und das Azimut der Spur der Symmetrieebenen in der Schliffläche gegen eine beliebige Nullrichtung in dieser Schlifffläche bekannt. Damit ist aber auch die Lage der Hauptlichtvektoren, als die Normalen zu diesen Symmetrieebenen, leicht feststellbar. Bezieht man die Azimuthe auf die Spur der Zwillingsebene in der Schlifffläche, so sind die Koordinaten der Vektoren

$$\varrho = 90° - H \text{ und } \psi = N \pm 90° - N_0$$

worin N_0 das für Fadenneigung korrigierte instrumentelle Azimut der Richtung der Zwillingslamellen nach dem Albitgesetz ist (s. Fig. 1).

Auf diese gemessenen Koordinaten der Vektoren braucht man sich aber nicht zu beschränken. Denn wie von der Methode der Plagioklasbestimmung nach FEDOROW her bekannt ist, erzielt man mit den Drehtischmessungen, trotz der verhältnismäßig geringen Genauigkeit der Meßoperationen und des Instrumentariums, doch eine ziemliche Sicherheit in den Resultaten dadurch, daß zu der Festlegung eines jeden Vektors die Beobachtungen an allen drei Symmetrieebenen herangezogen werden können: jeder Vektor kann aufgefaßt werden als die Normale zu der einen optischen Symmetrieebene und zugleich als Schnittgerade der beiden andern Symmetrieebenen.

Die Festlegung der wahrscheinlichsten Örter der Vektoren auf Grund aller Messungen erfolgt am bequemsten auf graphischem Wege mit Hilfe eines WULFFschen Netzes von geeigneter Größe. Benutzt wurde das bekannte stereographische Netz von 10 cm Radius und mit der zweigrädigen Teilung, das von E. A. WÜLFING der „Physiographie" von 1904 (4. Aufl.) beigegeben worden ist.

Nach Eintragung der reduzierten Messungen auf ein über das Netz gelegtes Pauspapier erhält man ein Bild, wie es in Fig. 1 auf $^{3}/_{5}$ verkleinert (Durchmesser 12 cm) wiedergegeben ist. In diesem Bild

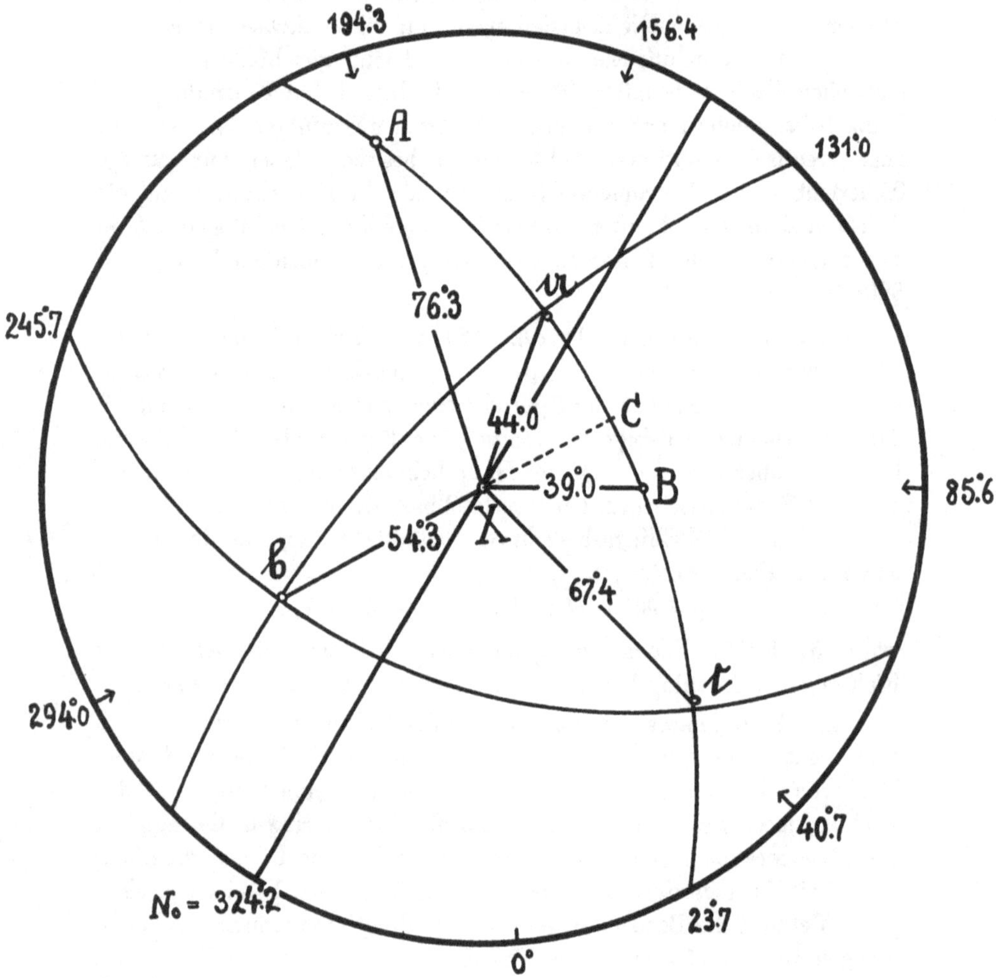

Fig. 1.

wurde, wenn überhaupt erforderlich, ein graphischer Ausgleich derart vorgenommen, daß zwischen die Pole der eingezeichneten Symmetrieebenen — das sind die kleinen Kreise bei $\mathfrak{a}$, $\mathfrak{b}$, $\mathfrak{c}$ in Fig. 1 — und die den Polen benachbarten Schnittpunkte von je zwei Symmetrieebenen jeweils ein Punkt als endgültiger Ort eines Vektors angenommen wurde, welcher den direkt oder indirekt erhaltenen Vektorlagen, je nach der

Sicherheit der Messungen, die zu diesen Lagen geführt haben, mehr oder weniger nahekam. Alle drei endgültigen Vektorlagen mußten dabei zugleich die Bedingung erfüllen, daß sie ein gleichseitiges sphärisches Dreieck mit 90° Seitenlänge bilden.

In die ausgeglichene $\mathfrak{ac}$-Symmetrieebene wurde sodann die optische Achse B eingetragen, nachdem der Bogen CB der Vollständigkeit halber für den Refraktionsunterschied zwischen Glas und Mineral korrigiert worden war.[1]) Mit Hilfe von B und $\mathfrak{a}$ wurde schließlich die Lage der Achse A in der stereographischen Projektion festgestellt. Aus der Projektion waren dann leicht die Poldistanzen ϱ und Azimute ψ der ausgeglichenen Vektor- und Achsenlagen abzulesen. — Die Eintragungen in das Wulffsche Netz und die Ablesung der Werte ϱ und ψ ließen sich mit einer Genauigkeit von 0°,2 ausführen.

Um einen Überblick über die Größe der Abweichungen zu erhalten, welche durch die Einstell- und Ablesefehler am Instrument, durch die Fehler der Eintragung in die stereographische Projektion, die Ausgleichung und die Ablesung der Koordinaten insgesamt bedingt sind, wurden sämtliche Präparate nach einer größeren Zwischenzeit ein zweites Mal durchgemessen und ausgewertet. Das Ergebnis der beiden Beobachtungsreihen enthält die Tab. 3, in der auch die Mittelwerte und deren mittlere Abweichung von den Einzelwerten angegeben sind.

Berechnung der Achsen- und Vektorenlagen. Nach Fig. 2 erhält man aus den ermittelten Werten ϱ und ψ die Koordinaten φ und λ, welche die Lage der optischen Achsen und Vektoren gegenüber dem kristallographischen Gebäude kennzeichnen, durch die Auflösung der 5 schiefwinkligen sphärischen Dreiecke $\mathfrak{a}X\overline{M}$, $\mathfrak{b}X\overline{M}$, $\mathfrak{c}XM$, $AX\overline{M}$, BXM. Bei der Verwertung der beobachteten Azimute ψ war zu berücksichtigen, daß sich die Richtung der in der Schliffläche liegenden Spur der Zwillingslamellen nach dem Albitgesetz in der stereographischen Projektion als die Tangente an den durch X und den Pol der Zone $X:M$ gehenden Großkreis wiederfindet. Großkreis und Tangente stehen in X auf dem Zonenkreis XM senkrecht.

Die für die einzelnen Präparate berechneten Lagen der optischen Achsen und Hauptlichtvektoren sind in der Tab. 4 zusammengestellt. Hier ist auch der Achsenwinkel $2V_{\mathfrak{a}}$ angegeben, wie er sich aus den Lagen von A und B hat berechnen lassen.

---

[1]) Vgl. S. Reinheimer, Der Diorit von Buch bei Lindenfels im Odenwald mit einem Anhang über einige mikroskopische Methoden. Diss. Heidelberg. 1920. S. 52.

Tab. 3.

Präp.	Messg.	a ϱ	a ψ	b ϱ	b ψ	c ϱ	c ψ	A ϱ	A ψ	B ϱ	B ψ	$2V_a$	Fläche X φ_X	Fläche X λ_X
1	1	52.5°	171.6°	46.4°	35.1°	66.5°	280.6°	80.1°	134.9°	44.3°	229.6°	86.0°	13°27′	12°57′
	2	52.6	170.6	47.0	34.6	66.6	279.9	80.2	134.1	44.0	228.3	85.8		
		52.6	171.1	46.7	34.9	66.6	280.3	80.2	134.5	44.2	229.0	85.9		
2	1	49.9	163.1	53.8	35.1	60.5	281.1	82.0	130.7	36.8	225.2	86.0	17°59′	17°23′
	2	48.5	163.5	54.4	34.8	61.5	282.7	80.1	131.4	36.5	225.4	84.4		
		49.2	163.3	54.1	35.0	61.0	281.9	81.1	131.1	36.7	225.3	85.2		
3	1	43.5	168.9	53.7	28.6	69.0	282.6	75.2	129.9	40.1	239.2	90.0	11°18′	22°0′
	2	44.0	167.8	54.3	30.2	67.4	283.5	76.3	129.9	39.0	238.6	90.4		
		43.8	168.4	54.0	29.4	68.2	283.1	75.8	129.9	39.6	238.9	90.2		
4	1	54.2	171.1	45.5	36.5	65.5	280.1	84.1	132.2	45.5	232.0	93.0	12°13′	12°31′
	2	52.3	169.4	47.7	33.7	65.7	279.7	80.9	132.3	43.3	228.9	88.0		
		53.3	170.3	46.6	35.1	65.6	279.9	82.5	132.3	44.4	230.5	90.9		
5	1	57.7	163.4	52.7	44.3	53.6	280.3	89.8	134.1	37.8	213.8	83.6	25°9′	10°41′
	2	57.9	163.1	52.9	44.3	53.3	280.8	91.2	133.8	37.5	216.1	86.4		
		57.8	163.3	52.8	44.3	53.5	280.6	90.5	134.0	37.7	215.0	85.0		
6	1	47.8	155.6	58.9	32.7	57.7	280.9	82.7	127.2	31.5	219.5	85.0	24°23′	19°27′
	2	47.4	155.6	60.0	33.7	57.8	281.9	80.7	128.6	30.6	218.5	81.8		
		47.6	155.6	59.5	33.2	57.8	281.4	81.7	127.9	31.1	219.0	83.4		
7	1	53.5	155.8	59.5	41.2	51.7	282.0	90.6	130.4	30.5	217.0	89.0	28°38′	14°16′
	2	54.0	156.2	58.0	39.9	52.1	280.1	90.8	129.0	32.1	216.6	89.2		
		53.8	156.0	58.8	40.6	51.9	281.1	90.7	129.7	31.3	216.8	89.1		
8	1	57.2	162.6	52.3	45.0	53.8	280.9	92.5	132.9	36.2	219.7	90.4	23°28′	9°47′
	2	56.6	164.6	51.0	42.3	56.8	280.1	88.0	134.3	39.5	217.8	84.6		
		56.9	163.6	51.7	43.7	55.3	280.5	90.3	133.6	37.9	218.8	87.5		
Mittlerer Fehler		0.4°	0.5°	0.5°	0.7°	0.5°	0.5°	0.9°	0.4°	0.7°	0.7°	1.2°		

Tab. 4.

Präparat	a φ	a λ	b φ	b λ	c φ	c λ	A φ	A λ	B φ	B λ	$2V_a$
1	+ 1.3°	+ 64.7°	− 14.2°	− 25.1°	+ 76.1°	− 30.0°	− 40.0°	+ 77.5°	+ 42.7°	+ 51.4°	86.1°
2	+ 0.1	63.6	15.1	26.0	74.5	25.1	41.3	77.2	40.7	51.0	85.4
3	+ 0.3	64.7	15.9	25.1	73.7	26.4	42.9	80.1	43.3	48.9	90.7
4	− 0.3	64.7	15.2	25.5	74.6	23.5	43.6	79.6	42.7	49.8	90.3
5	+ 0.4	64.8	14.3	25.4	75.5	25.4	40.9	77.4	40.8	52.1	84.9
6	± 0.0	61.7	12.7	28.2	77.3	30.0	40.6	72.7	40.5	51.3	83.5
7	− 0.3	61.8	13.9	27.7	76.8	27.2	42.9	75.0	43.1	49.0	89.1
8	± 0.0	+ 63.3	− 14.6	− 26.2	+ 71.5	− 27.0	− 41.5	+ 76.8	+ 41.9	+ 49.8	87.3
Mittel	+ 0.2	+ 63.7	− 14.5	− 26.2	+ 75.0	− 26.8	− 41.7	+ 77.0	+ 42.0	+ 50.4	87.2
Ausgegl. Werte	+ 0.2°	+ 63.7°	− 14.4°	− 26.1°	+ 75.6°	− 25.5°	− 41.6°	+ 76.9°	+ 42.0°	+ 50.4°	87.0°
Fehlergrenze	± 1.1	± 2.0	± 1.8	± 2.0	± 3.5	± 3.3	± 1.9	± 4.3	± 1.5	± 1.7	± 3.7

Mittelwerte. Die Eintragung der an den einzelnen Präparaten erhaltenen Positionen der Achsen und Vektoren in die stereographische Projektion der Bahnen der Achsen und Vektoren der gesamten Plagio-

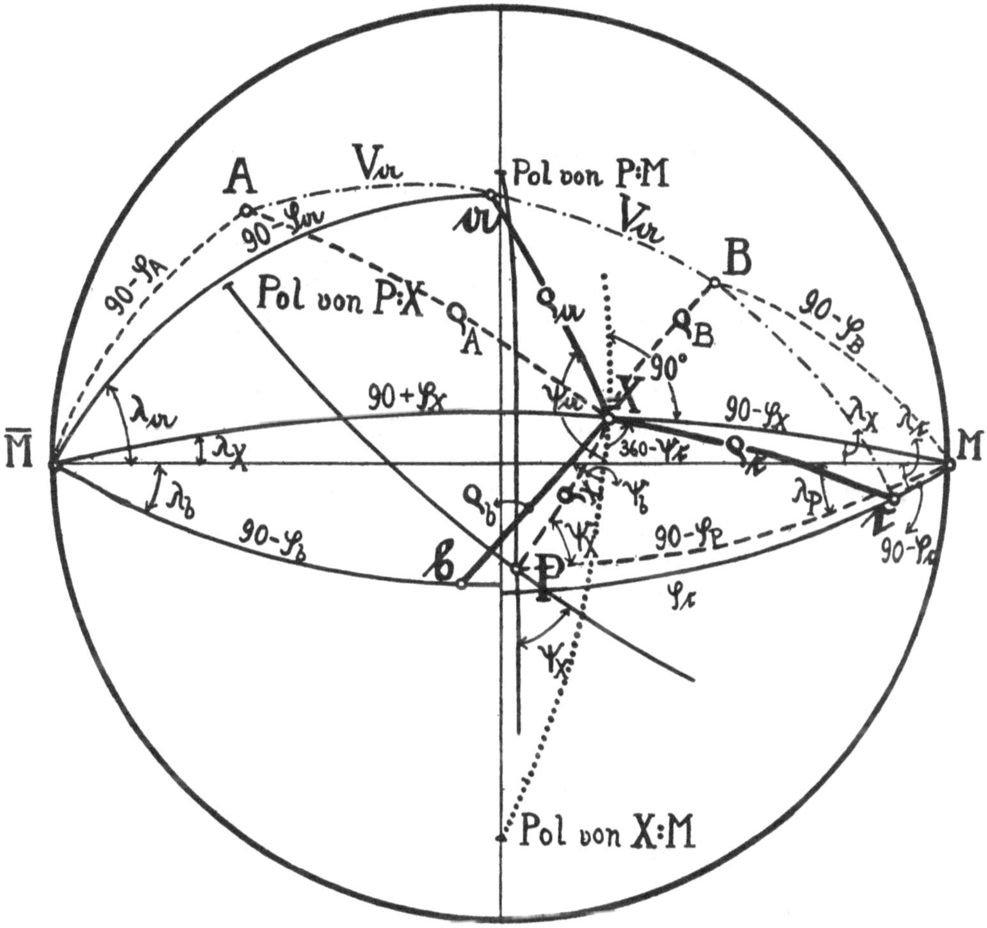

Fig. 2.

klasreihe ergab keinen Anhalt dafür, daß die Schwankungen in den Positionen durch Änderungen in der Zusammensetzung bedingt sind. Die Schwankungen dürften vielmehr durch alle Fehler in der Präparation, der Messungen und des Ausgleichverfahrens bewirkt worden sein. Verändert man so z. B. bei Präparat 2, dessen Hilfsfläche eine mittlere Lage besitzt, die in der Tab. 3 angegebenen Mittelwerte von ϱ und ψ der Vektoren und Achsen um die in der letzten Zeile dieser

Tabelle angegebenen mittleren Fehler dieser Koordinaten, so berechnen sich für die Vektoren und Achsen Lagen, die um 0°,7 bis 1°,0 von den für das Präparat 2 gültigen, in der Tab. 4 angegebenen Mittellagen abweichen. Der größte Teil der Schwankungen in den errechneten Lagen der Achsen und Vektoren ist dabei nach S. 8 auf die systematischen Fehler zurückzuführen, die bei der Einstellung der Präparate auf Dunkelheit gemacht werden.

Die größeren Schwankungen in der Lage der Achse A erklären sich durch die vollkommene Abhängigkeit der Lage dieser Achse von den zwei ebenfalls nur fehlerhaft bestimmbaren Richtungen B und $\mathfrak{a}$. Die Koordinaten des Vektors $\mathfrak{c}$ dagegen sind wegen der nahen Lage dieses Vektors am Pol M nur mit größerer Unsicherheit feststellbar.

Aus den in der Tab. 4 angeführten φ- und λ-Werten konnte nach obigem das einfache Mittel genommen werden. Das Ergebnis enthält die drittletzte Zeile von Tab. 4.

Da die Koordinaten der Achse B und des Vektors $\mathfrak{a}$ die geringsten Schwankungen aufweisen, wurde mit deren Mittelwerten die Lage von A, $\mathfrak{b}$, $\mathfrak{c}$ und der Achsenwinkel $2\,V_{\mathfrak{a}}$ berechnet. Diese Werte sind in der zweitletzten Zeile der Tab. 4 eingetragen und werden als die endgültigen, mit Hilfe des FEDOROWschen Drehtisches erhaltenen Lagen der Achsen und Vektoren des Andesins von Bodenmais angesehen. Die ihnen zugeordneten Fehlergrenzen sind aus den darüberstehenden Einzelwerten abgeleitet.

IV.

Lage der Achsen und Vektoren nach den Messungen am WÜLFINGschen Achsenwinkelapparat. Zur Prüfung der nach der Drehtischmethode erhaltenen Lagen der optischen Achsen und Vektoren wurde trotz ungünstigen Untersuchungsmaterials die Herstellung von dickeren Präparaten angestrebt, welche die Ausführung von Messungen am WÜLFINGschen Achsenwinkelapparat mit Seitenkollimator gestatteten. Es gelang, drei einigermaßen durchsichtige, etwa $^3/_4$ mm dicke Präparate herzustellen, die schließlich nur eine einzige dünne Zwillingslamelle in ihrer Mitte aufwiesen. Die Flächen der Präparate 9 und 11 sind nahe senkrecht zu $\mathfrak{c}$ geschliffen, die des Präparats 10 liegen schief zu den Vektoren, bei $\varphi = -66°\,24'$, $\lambda = -27°\,48'$ bzw. $\varphi = +65°\,42'$, $\lambda = +154°\,20'$.

Es wurde an diesen Präparaten der Austritt der beiden optischen Achsen in Wasser und im *Na*-Licht auf den beiden angeschliffenen, ihrer Lage nach bekannten Hilfsflächen beobachtet und die Neigung der Achsen gegen die Schliffnormalen und die Normale der Basisfläche gemessen. Nach der von E. A. Wülfing angegebenen, kürzlich von H. Fischer[1]) ausführlich dargelegten Methode berechneten sich aus diesen Messungen durch Auflösung von 13 sphärischen Dreiecken zunächst die Lage der beiden Achsen und der Achsenwinkel und schließlich auch die Lage der drei optischen Hauptvektoren.

An Präparat 9 und 11 konnte der Achsenwinkel in Wasser direkt gemessen werden. Die auf das Mineral reduzierten Werte von $2V_{\alpha}$ stimmten bis auf einzelne Minuten mit den aus den Achsenlagen errechneten Werten überein.

Zur Aufdeckung eines etwaigen Einflusses der eingelagerten Lamellen auf die Richtung der optischen Achsen wurden bei Präparat 10 die Hilfsflächen schräg zu den Vektoren, aber doch so gelegt, daß beide Achsen auf diesen Flächen in Wasser noch austreten konnten. Bei diesem Präparat mußten die optischen Achsen die eingelagerte Lamelle in einer andern Richtung durchsetzen, als bei den beiden andern Präparaten. Es scheinen jedoch die Lamellen keinen merklichen Einfluß auf den Strahlengang ausgeübt zu haben, da in den Örtern der Achsen und Vektoren, die mit allen drei Präparaten erhalten wurden, keine systematischen Unterschiede auftreten (s. Tab. 5). Die Schwankungen dieser Werte sind etwas größer, als sie sonst bei dieser Methode üblich sind, sie sind vermutlich, worauf schon S. 6 hingewiesen wurde, wesentlich auf die nur unsicher bestimmbaren Lagen der Hilfsflächen zurückführbar.

Die an den Präparaten 9—11 erhaltenen Einzelwerte sowie ihre Mittelwerte und Fehlergrenzen sind in der Tab. 5 angeführt.

Tab. 5.

Präparat	a		b		c		A		B		$2V_{\alpha}$	Gewicht
	φ	λ	φ	λ	φ	λ	φ	λ	φ	λ		
9	+ 0.9°	+ 63.5°	− 14.0°	− 26.4°	+ 75.3°	− 26.9°	− 41.6°	+ 77.0°	+ 41.8°	+ 50.1°	86.8°	1
10	− 0.6	+ 63.0	− 15.1	− 27.3	+ 74.9	− 24.8	− 42.6	+ 77.1	+ 41.4	+ 49.0	87.8	1
11	− 0.4	+ 62.5	− 15.7	− 27.7	+ 74.4	− 26.1	− 41.9	+ 76.9	+ 41.1	+ 48.2	87.0	2
Mittel	− 0.1	+ 62.9	− 15.3	− 27.3	+ 74.8	− 26.0	− 42.0	+ 77.0	+ 41.4	+ 48.9	87.2	
Fehler	± 1.0	± 0.6	± 0.7	± 0.9	± 0.5	+ 1.2	± 0.6	± 0.1	± 0.4	± 1.2	± 0.6	

[1]) H. Fischer, Über die optischen Eigenschaften des Albits. Zeitschr. f. Kristallogr. 61. 1925. 238—241.

V.

Brechungsindizes. An den beiden Flächen F_1 und F_2 der senkrecht zu c geschliffenen Präparate 9 und 11 wurden die in der Tab. 6 angeführten Brechungsindizes mit Hilfe eines Klein-Fuessschen Totalreflektometers in *Na*-Licht bestimmt. Aus den Mittelwerten berechnet sich der von den übrigen Beobachtungen abweichende Achsenwinkel $2V_\alpha = 84^\circ 30'$, der aber schon für eine Änderung des Brechungsindexes β um eine Einheit der vierten Dezimale auf $2V_\alpha = 86^\circ 2'$ anwächst.

Tab. 6.

Präparat	α	β	γ
9 F_1	1.5446	1.5487	1.5521
F_2	1.5444	1.5486	1.5520
11 F_1	1.5445	1.5485	1.5520
F_2	1.5143	1 5485	1.5518
Mittel	1.5445 $\pm$ 0.0002	1.5486 $\pm$ 0.0001	1.5520 $\pm$ 0.0002

VI.

Diskussion der Beobachtungen.

Die nach den beiden Methoden erhaltenen Lagen der Achsen und Vektoren (s. Tab. 4 und 5) stimmen innerhalb der Fehlergrenzen miteinander überein. Die vollkommene Übereinstimmung in den Achsenwinkeln ist mehr oder weniger zufällig.

Von einer Vereinigung der beiden Wertereihen durch Mittelbildung wird trotzdem abgesehen, da sich zwischen den beiden Reihen systematische Unterschiede bemerkbar machen. Trägt man die verschiedenen Richtungen in eine stereographische Projektion ein, so zeigt sich, daß die entsprechenden Örter nach derselben Richtung um etwa 1°,5 voneinander abstehen. In diesen Abweichungen scheinen sich, wie aus den nachstehenden Vergleichen hervorgeht, weniger Einflüsse der zwischengeschalteten Lamellen bei den Präparaten 9—11 zu äußern, als systematische Fehler, die bei der Drehtischmethode auftreten. Wieweit dabei die Dispersion der Vektoren, der Refraktionsunterschied zwischen der Glaskugel und dem Mineral, eine Abweichung der von den kombinierten Segmenten gebildeten Fläche von der Kugelgestalt usw. eine Rolle spielen, wird in einer anderen Untersuchung systematisch verfolgt werden.

Einen Entscheid darüber, welche Messungsreihe die zutreffendere sein wird, bietet jetzt schon die Nachprüfung der Übereinstimmung zwischen den beobachteten und berechneten Auslöschungsschiefen auf *P* und *M* und schließlich ein Vergleich der Messungen mit den Beobachtungen an den andern Andesinen.

Auslöschungsschiefen. Aus den festgestellten Achsenlagen des Andesins von Bodenmais berechnen sich folgende Auslöschungsschiefen:

aus den Achsenlagen nach der Drehtischmethode:

$$\Sigma_P = +0°,2,\ \Sigma_M = -0°,2,$$

aus den Achsenlagen nach der Achsenwinkelapparatmeth.:

$$\Sigma_P = -0°,2,\ \Sigma_M = -0°,9.$$

J. Kratzert fand bei seiner Untersuchung des gleichen Andesins, wobei nicht unerwähnt bleiben darf, daß das von Kratzert und mir bearbeitete Material vorwiegend von einem einzigen großen Andesinkristall herrührt, die Auslöschungsschiefen

$$\Sigma_P = -0°,35 \pm 0°,2 \text{ (5 Präparate)}$$
$$\Sigma_M = -0°,6 \pm 0°,5 \text{ (2 Präparate)}.$$

Da die Auslöschungsschiefe auf *M* nur auf zwei ganz ungleichwertigen Beobachtungen beruht ($-1°,1 \pm 0°,1$ und $-0°,1 \pm 0°,8$), habe ich die Bestimmung der Auslöschungsschiefe auf *M* an 5 Präparaten wiederholt und für *Na*-Licht gefunden: $\Sigma_M = -1°,0 \pm 0°,3$.

Nach den Auslöschungsschiefen sind demnach die mit dem Achsenwinkelapparat erhaltenen Achsenlagen, und damit auch die zugehörigen Vektorenlagen, als die zutreffenderen anzusehen.

Die verbesserten Plagioklasbestimmungstabellen von F. Becke[1]) fordern für einen Andesin von 30 % An-Gehalt die Auslöschungsschiefen:

$$\Sigma_P = +0°,1 \qquad \Sigma_M = -0°,7,$$

mit welchen Werten die beobachteten Auslöschungsschiefen gut übereinstimmen.

Achsenwinkel. Weniger gut ist die Übereinstimmung des festgestellten Achsenwinkels $2V_\alpha = 87°,2$ mit dem aus den Beckeschen Bestimmungstabellen interpolierten Wert $2V_\alpha = 83°$. Descloizeaux[2]) fand aber auch, wahrscheinlich an zonarstruierten Andesinen desselben Fundorts, den Achsenwinkel einige Grad um 90° hin und her schwankend, Fouqué[3]) stellte den Achsenwinkel über α zu 88° 15' fest. Die Kurve:

[1]) F. Becke, Die optischen Eigenschaften einiger Andesine. Tschermaks Min. u. Petrogr. Mitt. **35.** 1921. **44.**

[2]) Bull. soc. min. Fr. **7.** 1884. 316. [3]) Ebenda **17.** 1894. 358.

Achsenwinkel/Anorthitgehalt scheint demnach zwischen 25 und 35 % An-Gehalt nicht geradlinig zu verlaufen, der Einfluß des Kalifeldspatgehalts auf den Achsenwinkel läßt sich aber noch nicht übersehen.

Achsen- und Vektorenlagen. In einige, in der Fig. 3 dargestellten Ausschnitte eines stereographischen Netzes von 10 cm Radius sind zwischen die Örter der Achsen *A* und *B* und der Vektoren 𝔞

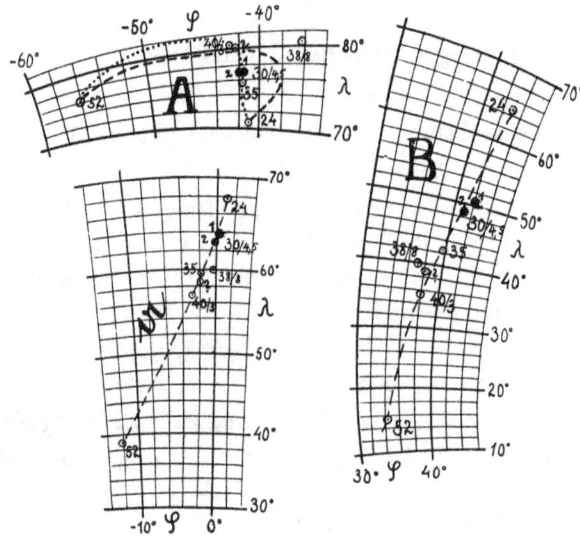

Fig. 3.

eines mittleren Oligoklases[1]) mit 24 % An und eines mittleren Labradorits[1]) mit 52 % An die Beobachtungen an folgenden Andesinen[2]) eingetragen:

Andesin von	Bodenmais	(Punkt	1 u. 2)	mit 30 %	An	und 4,5 %	Kalifeldspat
„ „	Hohenstein	(„	35)	„ 35	„	„ 0	„
„ „	Japan	(„	38/8)	„ 38	„	„ 8	„
„ „	Kelchberg	(„	?)	„ ?	„	„ ?	„
„ „	Esterel	(„	40/3)	„ 40	„	„ 3	„

Die Achse *B* und der Vektor 𝔞 des Bodenmaiser Andesins fügen sich, der Zusammensetzung entsprechend, gut zwischen den Oligoklas und den Andesin von Hohenstein ein. Auch hier erweisen sich, besonders bei *B*, die mit dem Achsenwinkelapparat erhaltenen Werte (Punkte 2) als die zutreffenderen.

[1]) „Physiographie" I 1. 5. Aufl. 1921/24. 510—511.

[2]) s. Fußnoten 1 und 2 S. 3.

Die Achse A des Bodenmaiser Andesins läßt dagegen die Bahn dieser Achse zwischen deren Lagen für 24 % und 40 % An-Gehalt noch verwickelter erscheinen, als sie bisher war. In der Fig. 3 ist der von E. A. WÜLFING[1]) als vorläufig angenommene Verlauf der A-Kurve gestrichelt, der von F. BECKE[2]) vermutete Verlauf punktiert eingetragen.

Einen so glatten Verlauf, wie er von den beiden Autoren angenommen worden ist, braucht die A-Kurve nicht notwendig aufzuweisen. Die Form dieser Kurve hängt zwangsläufig nicht nur allein von der Form der Kurven $\mathfrak{a}$ und B, sondern auch von den Geschwindigkeiten ab, mit denen diese Bahnen von $\mathfrak{a}$ bzw. B durchlaufen werden. Stellt man für die Plagioklase, deren Anorthitgehalt zwischen 24 % und 52 % liegt, die Lagen von $\mathfrak{a}$ und B von 2 % zu 2 % durch Interpolation unter Berücksichtigung der höheren Differenzen fest, so bilden die aus diesen Örtern abgeleiteten A-Punkte eine Kurve, die zwischen 24 % und 40 % mehrfach gewunden ist und selbst stationäre Punkte aufweist. Von einer Eintragung dieser Kurve in Fig. 3 wurde abgesehen, da die interpolierten $\mathfrak{a}$- und B-Punkte doch noch nicht sicher genug festliegen.

Wegen der einfachen Form seiner Bahn und der starken Ortsveränderung mit dem An-Gehalt dürfte der Vektor $\mathfrak{a}$, neben der Achse B, für die Festlegung des gesamten optischen Gebäudes der Plagioklase gegenüber dem kristallographischen Gebäude geeigneter sein, als die Achse A. Zu der Festlegung dieser beiden Richtungen wird sich der FEDOROWsche Drehtisch als ein sehr geeignetes Instrument erweisen, wenn erst einmal die mit ihm begangenen systematischen Fehler bekannt sind und in Rechnung gesetzt werden können. Untersuchungen nach dieser Richtung an bekanntem Material sind im Gange.

Brechungsindizes. Einen Überblick über die Lichtbrechungsverhältnisse bei den verschiedenen Gliedern einer isomorphen Reihe pflegt man sich durch die Konstruktion der Kurven zu verschaffen, welche den Zusammenhang zwischen den Brechungsindizes und der Zusammensetzung darstellen. Hierbei werden aber einerseits zwei ganz verschieden genau bestimmbare Größen miteinander in Beziehung gesetzt und erhalten andererseits etwaige Beimengungen, welche vielleicht gar keinen Einfluß auf die Lichtbrechung ausüben und sich doch in den Analysenzahlen aussprechen, eine ungebührliche Stellung. Für Vergleichszwecke, insbesondere zur Nachprüfung der Sicherheit von beobachteten Brechungsindizes der Glieder einer isomorphen Reihe

[1]) „Physiographie" I 1, 5. Aufl. 1921/24. Tafel II.

[2]) l. c. S. 43.

bilden die lediglich aus den Brechungsindizes konstruierten Kurven ein einfaches Hilfsmittel. Abweichungen von dem glatten kontinuierlichen Verlauf dieser Kurven sind entweder auf Beobachtungsfehler zurückzuführen oder deuten an, daß der Wechsel in der Zusammensetzung überhaupt keinen gesetzmäßigen Einfluß auf die Lichtbrechung ausübt.

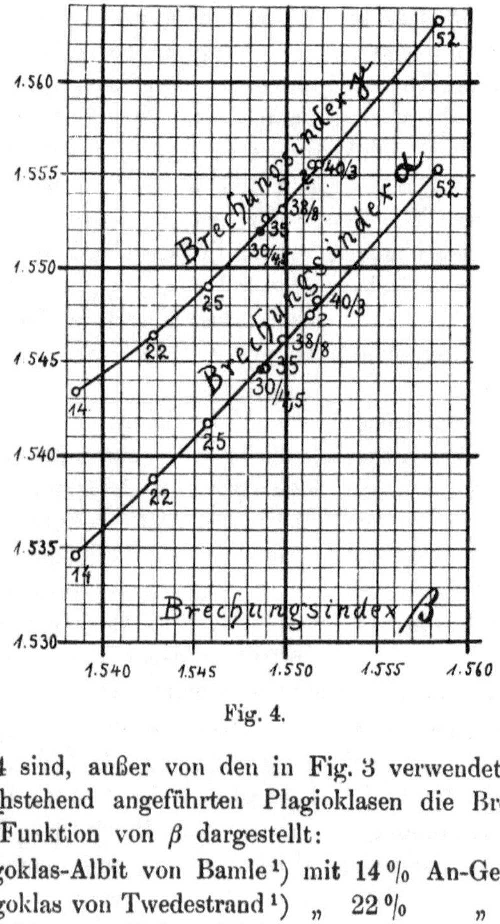

Fig. 4.

In Fig. 4 sind, außer von den in Fig. 3 verwendeten Andesinen, von den nachstehend angeführten Plagioklasen die Brechungsindizes α und γ als Funktion von β dargestellt:

Oligoklas-Albit von Bamle[1])	mit	14 %	An-Gehalt
Oligoklas von Twedestrand[1])	„	22 %	„
Oligoklas von Bakersville[1])	„	25 %	„
Labradorit von Labrador[2])	„	52 %	„

Die durch ausgefüllte Kreise dargestellten Beobachtungen an dem Bodenmaiser Andesin fügen sich gut in die Kurven ein. In der ungleichmäßigen Verteilung der Punkte in diesen Kurven macht sich

[1]) Tschermaks Min. Petr. Mitt. **22.** 1903. 159—188.

[2]) Tschermaks Min. Petr. Mitt. **24.** 1905. 191—198.

teils ein steilerer oder flacherer Verlauf der Kurve: Brechungsindizes/An-Gehalt, teils das Auftreten von störenden Beimengungen bemerkbar.

VII.

Zusammenfassung. Mit dieser Untersuchung wird nicht nur eine Erweiterung unserer Kenntnis von den Andesinen bezweckt, sondern soll auch gezeigt werden, wie den üblichen Mängeln des Andesinmaterials begegnet werden kann. Der schlechten morphologischen Ausbildung des Untersuchungsmaterials wird durch eine besondere Art der Festlegung der Hilfsschliffflächen Rechnung getragen. Die Trübung der Kristalle wird durch Verwendung von Dünnschliffen, die starke und enge Verzwilligung durch Anwendung der Drehtischmethode umgangen. Ein graphisches Ausgleichverfahren und eine geringe Häufung der Beobachtungen führen zu Mittelwerten für die Lagen der optischen Achsen und Hauptlichtvektoren, die mit den nach der bewährten WÜLFINGschen Achsenwinkelapparatmethode erhaltenen Werten innerhalb der Fehlergrenzen übereinstimmen. Kleine systematische Fehler, die bei den Drehtischmessungen auftreten, müssen noch erforscht werden.

Werden nur die mit dem Achsenwinkelapparat erhaltenen Beobachtungen berücksichtigt, so gelten für den Andesin von Bodenmais, der nach den Untersuchungen von J. KRATZERT einen Gehalt von 28,80 % Anorthit und 4,56 % Kalifeldspat besitzt und eine Dichte von 2,666 ± 0,003 aufweist, folgende optische Daten für *Na*-Licht:

	A	B	$\mathfrak{a}$	$\mathfrak{b}$	$\mathfrak{c}$
φ	$-42°,0$ $\pm\ 0,6$	$+41°,4$ $\pm\ 0,4$	$-0°,1$ $\pm 1,0$	$-15°,3$ $\pm\ 0,7$	$+74°,8$ $\pm\ 0,5$
λ	$+77°,0$ $\pm\ 0,1$	$+48°,9$ $\pm\ 1,2$	$+62°,9$ $\pm\ 0,6$	$-27°,3$ $\pm\ 0,9$	$-26°,0$ $\pm\ 1,2$

$2V_{\mathfrak{a}} = 87°,2 \pm 0°,6$ $\qquad \alpha = 1,5445 \pm 0,0002$

$\Sigma_P = -0°,4 \pm 0°,2$ $\qquad \beta = 1,5486 \pm 0,0001$

$\Sigma_M = -1°,0 \pm 0°,3$ $\qquad \gamma = 1,5520 \pm 0,0002$

FSC
www.fsc.org
MIX
Papier | Fördert
gute Waldnutzung
FSC® C083411

Zeitfracht Medien GmbH
Ferdinand-Jühlke-Straße 7
99095 Erfurt, Deutschland
produktsicherheit@kolibri360.de